从自贩机到乐高：

隐蔽而伟大的设计力

石 佳 主编

自动贩卖机，
买下全宇宙

电子工业出版社·
Publishing House of Electronics Industry
北京·BEIJING

图书在版编目（CIP）数据

从自贩机到乐高：隐蔽而伟大的设计力. 自动贩卖
机，买下全宇宙 / 石佳主编. -- 北京：电子工业出版
社，2021.4
ISBN 978-7-121-40212-8

Ⅰ.①从… Ⅱ.①石… Ⅲ.①工业设计－普及读物
Ⅳ.①TB47-49

中国版本图书馆CIP数据核字（2021）第014435号

责任编辑：胡　南
印　　刷：河北迅捷佳彩印刷有限公司
装　　订：河北迅捷佳彩印刷有限公司
出版发行：电子工业出版社
　　　　　北京市海淀区万寿路173信箱　邮编 100036
开　　本：720×1000　1/32　印张：9.75　字数：180千字
版　　次：2021年4月第1版
印　　次：2021年4月第1次印刷
定　　价：98.00元（全五册）

凡所购买电子工业出版社图书有缺损问题，请向购买书店
调换。若书店售缺，请与本社发行部联系，联系及邮购电话：
（010）88254888，88258888。

质量投诉请发邮件至zlts@phei.com.cn，盗版侵权举报请发邮件至
dbqq@phei.com.cn。

本书咨询联系方式：（010）88254210，influence@phei.com.cn，
微信号：yingxianglibook。

**自动贩卖机，
买下全宇宙**

　　日本，贩卖机与二次元少女一样多的国度。这里每23人就有一台自动贩卖机，一个路口能遇见15台，基本上有墙的地方就有成排的自动贩卖机，从罐装面包、新鲜蔬菜、热乎乎的面条，到购买需要认证年龄的香烟和各类情趣用品，日本的自动贩卖机能买到整个宇宙。在这本小册子中，我们首先来看看日本的贩卖机到底有多强大，以及这里为什么有着自动贩卖机的生长土壤。而贩卖机反过来也承担起社会责任，不仅给人提供方便，在灾害或紧急事态中还能辅助救援。

　　赛博朋克之父威廉·吉布森曾这样写过："东京的自动贩卖机构成了一个隐居者们的秘密社会。如果只从自动贩卖机里买东西，生活在东京的你，便能够做到一整天里都不会与任何人类产生眼神接触。"自动贩卖机是这样一种奇妙的机器。它没有性格，也不会营造薰衣草香氛，但就是这样纯粹的机器，却无意识中给人一种治愈感，就像嗡嗡的滚筒洗衣机，就像公共电话亭。明明只是个卖东西的机器，为什么能治愈我们？也许是因为自动贩卖机独特的"治愈哲学"。

　　自动贩卖机在日本已经有了几十个年头，唯有在日本，能看到服役了四十年以上的古董贩卖机仍在兢兢业业地为顾客煮乌冬面。这些产于昭和年间的"初代"贩卖机虽然机械简单，但由于大多数已经停产，很难买到机器零件，所以比新式贩卖机更需要照顾。

另一方面，新一代的自动贩卖机则因为触屏和网络获得了更多的可能性，人机界面的发展使得人机关系由"买/卖"变成了柔性、认同感高的"驯养/被驯养"。机器虽然不是有机生命体，但可以想象，当贩卖机给你一个回应，未来贩卖机与人的互动将不再局限于物质与人，更可能演化成为物质与思想，甚至是人、物、思想与机器本身。

就这样，懒惰的人类欣然接受了自动贩卖机的包围，毕竟没有人会嫌弃"方便"。

如果你萌生了拥有一台自动贩卖机的想法，那么最后一篇关于从日本海淘一台自贩机（但失败了）的文章，或许是个不错的参考。

一个路口 15 台，日本的自动贩卖机能买到整个宇宙

作者 | 周洲

被机器包围的国度。毕竟没有人会嫌弃"方便"。

回想过去在日本的留学生活，每天都点点滴滴地和自动贩卖机产生着联系。早上出门，在电车站用自动售票机买车票或给交通卡充值，到了学校，用休息室的自动贩卖机冲一杯抹茶，从包里拿出面包，吃早饭。中午放学去附近的日式快餐店，也是用自动券卖机点餐付款。下午去图书馆，用自动贷出机或返却机借还书。晚上去澡堂，还是用自动券卖机买入场券；如果忘带毛巾或内衣，可以从自动贩卖机买到这些；洗完澡还可以从自动贩卖机买一杯咖啡牛奶喝。夜晚回家，走在住宅区弯弯扭扭狭窄的路上，寂静得只能从路边自动贩卖机上闪烁的光亮中感到一点生机。

● 图：Midorisyu / Flickr

被机器包围的国度

作为自动贩卖机大国，日本共有556万台自动贩卖机，虽比美国的760万台要少，但按人均来算，日本每1万人就有437台自动贩卖机，差不多每23人就有一台，无

• 日本某景区的自动贩卖机。

疑是世界上自动贩卖机普及率最高的国家。自动贩卖机的普及台数在 20 世纪 60 年代急速增长，到 80 年代达到饱和状态。基本上能够想到的地方都已经设置了自动贩卖机。虽然销售商品的价格比超市和便利店贵一些，但它设置的点比便利店多，真正全年无休 24 小时营业（日本乡下的便利店并不 24 小时营业）；并且购买时基本无需排队，比去超市节约很多时间；况且在观光地，贩卖机的饮料总比附近的传统茶屋的茶水便宜太多。在日本生活的人都会习惯使用这随处可见的自动贩卖机，在口渴的时候滋润自己。

　　日本自动贩卖机工业会发行的自动贩卖机用语词典，把自动贩卖机定义为"能通过货币或有货币功能的卡进行交易，自动贩售物品、服务、情报的机械装置。但自动点唱机、游戏机之类的娱乐机械除外。"根据这一定义，日本现有的自动贩卖机种类有：

类别	内容	详情
物品	饮料	冷、热饮料
	食品	零食、面包、面等
	香烟	–
	票类	票类地铁票、饮食店餐票、景点入场券等
	其他	明信片、报纸、杂志等
服务	便利店多功能终端、ATM、自助打印机、自助拍照机、验票机、自动换钞机等	–

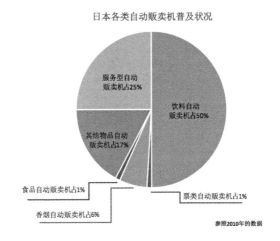

日本各类自动贩卖机普及状况

服务型自动
贩卖机占25%

饮料自动
贩卖机占50%

其他物品自动
贩卖机占17%

食品自动贩卖机占1%

香烟自动贩卖机占6%

票类自动贩卖机占1%

参照2010年的数据

　　秋叶原电器街南端，一个叫万世桥的地方是日本自动贩卖机贩卖商品种类最多的地方。那里的自动贩卖机除了饮料、零食，还卖玩具模型、调味料、磨牙粉、铃铛等杂七杂八的商品；并且，这些杂七杂八的商品会毫无逻辑地混放在同一台自动贩卖机的同一排上。

　　虽然大多数自动贩卖机是面向所有人群的，但烟酒以及18禁商品的自动贩卖机需要一些凭证才能购买。买香烟是用注册过的TASPO卡（日本烟草协会等为防止未成人抽烟而导入的成人识别IC卡）；买酒时使用驾照或各家酒店自己发行的ID卡确认年龄；买18禁商品时也使用驾照确认年龄。

能买到整个宇宙

随处可见的自动贩卖机已经成为日本独特的地标。除了销售得最多的饮料和香烟，从日本的自动贩卖机里还能买到很多罕见的东西，从罐装面包、新鲜蔬菜到成人用品。自贩机在日本发明以来，日本人似乎把能想到的一切都放进了自动贩卖机，然后把自贩机安置在了每个角落，尤其在过去便利店尚未普及的时候。要说从这些自贩机里能买到全宇宙，一点也不惊奇。比如：

• 香蕉贩卖机。还有卖切片苹果，上班路上买一份，补充营养。（图：Tokyobling）

• 罐装面包，这很日本。（图：kotaku.com）

• 鸡蛋一格一格地卖，还有新鲜蔬菜。（图：damanwoo.
com）

- 生锈的贩卖机卖着生锈的干电池。（图：kotaku.com）

- 电车上的贩卖机。意外，感觉会被早上挤电车的人扔出去吧。
  （图：photozou.jp）

• 应急的雨伞贩卖机。（图：MiguelMichan）

• 不可描述的贩卖机。购买者需要驾照认证。（图：Flickr）

• 佛教祈祷用品自动售货机，位于日本长野县善光寺内。
（图：Chris73/Wikimedia Commons）

日本为什么有这么多自动贩卖机

与大多数发达国家一样，日本从 20 世纪 60 年代起就已经显现劳动力不足，用机器代替人力是整个社会的趋势，自动贩卖机代替人工销售小商品、入场券、车票也是这一趋势的一环。不过要达到世界第一的普及率，必有其特殊之处。

首先，日本整体的治安非常好，这几乎已经成为这个国家的传统与特色。得益于此，"无人贩卖所"这种类似原始自动贩卖机的商业现象才得以存在——农民将自己种的水果蔬菜搁在路边搭起来的架子上，写明东西的具体价格，路过的人若有喜欢的便自觉将钱投入架子里面的投币箱后，东西可以拿走。这种存在已经在社会上被广泛认知，给户外的自动贩卖机创造了一个良好的生存环境。

自动贩卖机没有无人贩卖所那样考验人性，机器本身通过改良内部结构、加厚防暴材料来加固关键部位，并且不断升级；还有日本自动贩卖机工业会、全国清凉饮料工业会、日本烟草协会联合开发的"自贩机犯罪通报系统"，如果撬开了自动贩卖机或者用其他不正常的方式打开它，自动贩卖机会通过移动通信线路把情况传达给工业会的总机，然后总机会向离那台自动贩卖机最近

• 无人贩卖所。

的警察报警。这些措施使所有者无需过分担心机器里的
货品和收益被盗，也有效地预防了潜在犯罪，使机器免
受伤害，从而保证了低故障率。另外，良好的治安使人
们不去担心遭遇偷盗，可以放心使用钱包，这保证了纸
币的清洁，减少了自动贩卖机的读取错误。这便形成一
个培养人们习惯使用自动贩卖机的良好环境。

　　日本人从小被教育与人交往时，要考虑别人的心情和
感受，所以一般去日本旅游的人都会感受到日本是一个礼
仪之邦。但总是要考虑别人，压抑自己的情感，结果与他

人产生联系会使自己感到压力，这可能成为一种麻烦。当
他们面对不需要对话交流、不需要考虑对方感受的机器时，
便会有种轻松感。这使日本社会对各种自动化的机器有很
高的接受度，倾向于去使用机器购买。

　　高普及率的最大贡献者是饮料自动贩卖机，占据了
一半的台数，也是随处可见的种类。促成这种现象的原
因是饮料自动贩卖机的运营模式。欧美多是由运营商购
入自动贩卖机，运营商实行市场拓展。这种模式在日本
也有，但不是主流。日本的主流是饮料商主导自动贩卖
机的运营，这种模式对饮料商来说自主性更大，利润也
更高。饮料商购入机器，不仅可以决定里面卖的饮料品
种，还可以在机器上打上自己品牌的 logo、印上品牌代
言人之类，把机器当作公司的广告公关媒介来装饰。特别
是宣传新产品时，可以及时地装饰自己运营的机器，而不
需要与超市、便利店商量。而且，自动贩卖机是定额销售，
不会出现降价，保证了利润空间。有这些利益驱使，各大
饮料商都积极地营建自己的自动贩卖机运营部门。在拓展
自动贩卖机的设置点时也很灵活，可以自己运营，也可以
将自动贩卖机免费借给办公楼、学校、医院、公寓的物业。
同一个设置点有两三台甚至更多的饮料自动贩卖机的情况
很常见，每台自动贩卖机都来自不同的饮料商。

Universal 的好设计

一台普通的自动贩卖机不会主动去与人产生联系，只能被动地等待人类使用。从投币到取出饮料的时间大概为 10 秒，自动贩卖机的互动设计便是为这 10 秒中的每一个动作而存在的。

从投币开始，把投币口扩大，这样就不必一枚一枚地往里塞，几枚硬币可以一起投进去。如果是纸币，在纸币投入口前设置一个延伸，方便纸币导入。然后是选择商品，在自动贩卖机的下方某处设置一排与最上面一排选择按钮同样功能的按钮，这样可以方便坐轮椅的人

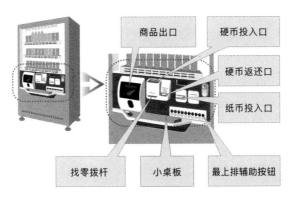

- Universal Type 自动贩卖机的设计。（图: 飲料自販機**なる ほど** book）

和小孩购买最上面一层的商品。接下来的动作是取出商品，商品出口尽量往上的设计，让人们不弯腰或稍微弯点腰就能取出商品。最后是拨动找零的拨杆，把找零拨杆力度设计为适中，不能很重，同时又有点力道给出回馈。另外，可以设置一个小桌板，放包或小物品之类。这些设计并不需要高科技，多花一点心思便会提高互动体验。带有这种设计的自动贩卖机被称为"Universal Type 自动贩卖机"，意思是让所有人都能轻松使用贩卖机，普及台数虽然不多，但主要设置在公共性很高的地方，比如车站、医院、学校等。

当电子支付出现后，利用自动贩卖机购买商品的 10 秒时间又进一步被缩短。在日本，交通卡是一种普遍的电子货币载体。只要将交通卡往感应的区域贴靠一下，然后选择想要的饮料，按下键，饮料便出来了，非常方便。这就像国内用支付宝或微信二维码在实体店不用输密码就能消费的形式。每个都市圈，都有一种或几种交通卡可以在整个圈内的城市的地铁电车站、公交车上使用。比如在东京办的交通卡同时可以在千叶、横滨、琦玉等地使用。一般人为了出行方便，都会存不到 1 万日元在卡里。2003 年，交通卡开始提供电子支付的服务，那部分存着的钱便成为电子货币。对比信用卡，交通卡也是

• 使用交通卡购买自动贩卖机的商品。

实名制的，但没有什么申请门槛，小额消费时特别方便。
自动贩卖机所销售的商品一般都是小额消费，当手上硬
币凑不齐时，塞进一张大面额纸币，购买后返还一堆零
散的小额货币，整理这些小额货币会花费几秒时间，这也
是一种麻烦。之前提到自动贩卖机与无线信号结合，这使
得自动贩卖机可以支持电子支付。这些因素都使得自动贩
卖机与电子支付的亲和性相当高。现在，日本都市圈的自
动贩卖机几乎都能支持交通卡支付。并且，从 2013 年起，
日本各圈交通卡系统开始可以相互支持，自动贩卖机可支
持的交通卡种类也在随之增加。

变得更主动的自贩机

在新型自动贩卖机中，不管是 JR 东日本水务的次世代自动贩卖机，还是可口可乐日本的 Interactive Happiness Machine，都采用了 47 英寸的触屏，并且搭载 Wimax（全球微波互联接入）。有了大屏幕与高网速，贩卖机与人的互动立场就发生了改变，不再是被动地等待被人使用，而是可以依靠屏幕应时应景地释放出大量图文或视频信息，主动表达自己的存在，让路人发现自己。

它们的主动性不仅是吸引人的注意，还能对人加以识别。当它的感应器感知到有人靠近时，内置的摄像机会捕捉人脸，根据脸的骨骼和五官位置关系分析购买者的年龄层次、性别等——这种人脸识别技术原本是用在烟酒贩卖机上，辅助判断购买者成年与否的，这里用来判断购买者的特征——再根据当时的季节、天气、时间段等因素，向购买者推荐商品。屏幕中显示的一部分商品上会出现推荐标签，就是贩卖机为此时此刻的你特别推荐的商品。这对很多有选择恐惧症的人有帮助，减少他们在选择商品上花费的时间。另外，当某种商品卖光时，一般的自动贩卖机会在商品模型下方显示"售罄"的电子字样，触屏的贩卖机则不再显示这种商品，画面中空出的部分让还有库存的商品代替。

　　这种机型目前有 1000 台左右投入使用，主要集中在都市的中心站里。由于数量少，我在日本只见过一次也只使用过一次。第一眼还没意识到这是一台贩卖机，但很快就理解这是一台触屏的贩卖机，出于好奇便走过去。记不太清画面是怎样变化的，当时正是初冬，可能是因为机器的推荐，我的注意力被集中到一款橘子味瓶装热饮上，刷了交通卡，选择了那瓶热饮。整个过程中记忆最深刻的就是自己买了哪款饮料，还有那款饮料的味道，然后就是屏幕总是在变化；对机器本身的设计与操作系统的特点除了使用起来很顺手之外就没有其他印象了。

• JR 东日本水务的次世代自动贩卖机。（图：日经 trendynet）

新型自动贩卖机还可以更好地利用饮料商的偶像明星或动漫角色代言人。无人使用贩卖机时，屏幕中播放他们主演的广告；当被使用时，机器可以发声，这时便可让代言人的影像与声音同步，表达对购买的感谢与期待下次光临之类，为购买者营造出与偶像明星或动漫角色短暂交流的意境。这种机型更少，有点像动物园里的熊猫，公司形象大使的功能大于贩卖机的功能。

这些新型自动贩卖机在实质上等于是一台比普通贩卖机运算能力更强的电脑，并且配上了高速网络。虽然制造商声明机器不具备保存购买者影像的功能，但没有说明是否有对黑客之类网络犯罪的考虑。待这些贩卖机普及后，隐藏的社会问题可能也会浮现出来。

在日本社会安身立命

日本自动贩卖机的数量庞大，不管是普通贩卖机还是新型贩卖机，要在日本这样一个以打扰别人生活为耻的社会上继续存在，便不能成为人类与社会的负担。它们背后也有社会责任与贡献。

安全节能的机器

一台伫立在那里的自动贩卖机，不能作为潜在的危

险存在。日本是一个地震频繁的国家，在地震时，数量
庞大的自动贩卖机压倒人的概率是很高的。为保证在地
震中没有人会因自动贩卖机而受伤或死亡，自动贩卖机
是按照"自动贩卖机据付（固定）标准"中的规定，依
据屋内、屋外、楼层等固定地点的不同，被规范固定的。

据统计，平均每台饮料自动贩卖机每天卖出的饮料
数为 30 瓶。人们利用自动贩卖机购买商品的时间大概为
10 秒，也就是说平均每台自动贩卖机一天中被使用的时
间只有短短 5 分钟，其余的时间只是在单纯地消耗社会
电能。节能是自动贩卖机能安身立命的重要课题。

一般的瓶 / 罐饮料自动贩卖机都同时贩售冰镇饮料
和热饮料。这些自动贩卖机的内部被分成几个温度区间，
各区间都被高效保温材料隔开。首先，自动贩卖机的内
置电脑对每种饮料的销量进行分析，判断出哪些饮料是
会迅速被消费掉的，安排每一瓶饮料的冷却－加温顺序；
然后使用部分冷却－加温系统把电力细到地用到每一瓶
的饮料上，来节约能耗。到了夏天（7 月 1 日～ 9 月 30
日），自动贩卖机上午将饮料冰镇，到了每天下午 1 点
到 4 点间的用电高峰期，会将自己的冷却功能关闭。目
前这一功能已经在瓶 / 罐饮料自动贩卖机上 100% 普及。
照明方面，屋外的自动贩卖机有探知周围亮度的感应器，

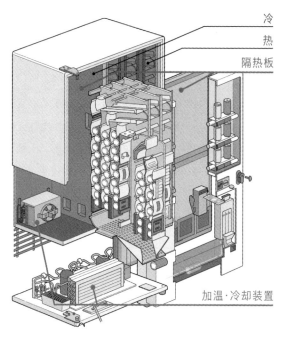

冷

热

隔热板

加温·冷却装置

- 可以同时售卖冰镇饮料和热饮的贩卖机，是日本的独特技术。
  重复利用冷却时产生的热能来为热饮保温，大大节省了用
  电量。

周围亮的时候自动关灯，暗的时候通过变压器调控适当

开灯。屋内的自动贩卖机则根据场所的营业时间设定什

么时间段运行。

现实中的信息节点

　　自动贩卖机的设置范围非常广，利用这一点，可以为社会做出一些贡献，提高机器的存在感。每台饮料自动贩卖机身上，比较醒目的地方都有具体的地址标识。当遇到紧急事态时，只要找到附近的自动贩卖机，便能

- 自动贩卖机上的地址，"这里是东京都多摩市和田1760-1"。（图：稲葉一浩）

知道自己所在的具体地址，方便报警或呼叫救护车。发生地震等灾害时，管理者可以通过远程操作让自动贩卖机无偿提供饮料等物品，同时内部的电池也可以作为停电时的预备电源。一部分自动贩卖机还配有 AED（自动体外除颤器，是可由非专业人员使用的医疗设备，用于

• 搭载 AED 的自动贩卖机。（图：ttanaka）

抢救心源性猝死患者），以备不时之需。

　　贵志祐介的科幻小说《来自新世界》中，图书馆以一种类似生物的状态存在，但依然按照图书馆的注册查阅制度，履行为人类保存、传达信息的基本功能。未来的自动贩卖机也肯定会与现在的大不一样，可能更加善于宣传商品、传播信息，与人更直接地互动、猜透人的需求。但肯定不会打扰到他人的生活，不是社会的负担，依然给人提供方便的购买体验，成为各个休息室、食堂、公园长椅旁等给人喘口气的地方所不可缺少的存在。

日本贩卖机的历史

公元纪年	日本年号	事件
1888年	明治21年	发明木制香烟贩卖机
1904年	明治37年	发明邮票明信片贩卖机
1911年	明治44年	日本首台入场券贩卖机问世
1924年	大正13年	袋装零食贩卖机、牛奶糖贩卖机问世
1931年	昭和6年	兼放映电影的格力高贩卖机问世
1957年	昭和32年	日本首台果汁贩卖机问世
1958年	昭和33年	手动式香烟贩卖机、 口香糖贩卖机问世
1961年	昭和36年	喷水型果汁贩卖机"绿洲"问世

续表

公元纪年	日本年号	事件
1962年	昭和37年	瓶装饮料、杯装速溶咖啡贩卖机问世
		电动香烟贩卖机问世
		西武百货公司创立日本首家由贩卖机组成的"自动简餐店"
1963年	昭和38年	罐装啤酒、杯装普通咖啡、瓶装牛奶贩卖机问世
		多功能车票贩卖机问世
1969年	昭和44年	瓶装酒贩卖机问世
1970年	昭和45年	周刊贩卖机问世
		贩卖机普及台数突破100万台
1971年	昭和46年	汉堡、杯装拉面、便当贩卖机问世
		瓶罐装饮料合卖式贩卖机问世
1972年	昭和47年	米贩卖机、冷热罐装饮料贩卖机问世
		面食类（川铁）、味噌汤贩卖机问世
1974年	昭和49年	冰激凌、冷热杯装咖啡贩卖机问世
1975年	昭和50年	三明治、面食类（富士电机）、纸盒牛奶贩卖机问世
1976年	昭和51年	米饭类烹调贩卖机问世，咖喱饭贩卖机同期问世

续表

公元纪年	日本年号	事件
1977年	昭和52年	多口味杯装咖啡贩卖机问世
		面食类（夏普）、刨冰贩卖机问世
1978年	昭和53年	自动餐厅与游戏中心结合的 复合式商店出现
1984年	昭和59年	贩卖机普及台数突破500万台
1990年	平成2年	贩卖机精简化，两年左右淘汰旧机并 更换成轻薄型贩卖机
1997年	平成9年	PET塑料瓶贩卖机问世
2008年	平成20年	香烟贩卖机的成人认证系统 （TASPO卡）启动
2010年	平成22年	具有推荐功能的饮料贩卖机问世

周洲　｜　东京农业大学食品营养学研究生。曾经参加过动画、漫画、galgame 的汉化翻译，但对萌文化免疫。

明明只是个普通的机器，为什么自动贩卖机能治愈我们？

作者｜林沁

不想要朋友的人类，和等待人类的机器，他们凑在一起，相互治愈。

在灯光昏暗的茶水间，一排贩卖机靠墙站着。摆着饮料瓶样品的贩卖机展示柜的灯光似乎都强过了房间的顶灯。饮料瓶下面的红色选中按钮绕着圈闪烁，就像小时候常见的霓虹灯招牌边框，每绕一圈堆积一格，累积到所有灯亮齐之后又清零重新开始。它们安静地等待着人们。

这些机器乍一看没有什么性格，和内燃机、汽车、电风扇、电子体重计一样，说白了就是一种方便人类的工具。但在机器这个大家族中，也有几位个性鲜明。枪械、

● 图: zatsushokuroku

炮弹伤害人类，它们冷酷而尖锐；香薰机、按摩椅治愈人类，它们芳香、温暖。

自动贩卖机本来也属于那种最基本的、没有性格的机器。在设计之初，它只是用来卖东西的：投入钱，自动计算找零，送出商品。它不附带任何凶器，也不会营造安心的薰衣草香氛。但是就是这样纯粹的东西，却莫名其妙给人一种治愈感。一排排灯光明亮、摆满饮料瓶的展示柜，因为经常触摸而变得光滑发亮的投币口，里面藏着的热咖啡，在深夜回家的路口看到这样一台机器，就觉得很安心。

"贩卖机有着便利店所模仿不来的价值，有一种特别的温暖。"自动贩卖机的经营者上田胜重如是说。他的自贩机位于新町，已经开了35年，至今也常有顾客光顾。到底是什么吸引着人们？自贩机这种独特的、无意识的温暖从何而来？

自贩机的治愈哲学

想要的时候它总是在

不管台风天还是暴雪天，自贩机都不会关门，它一直在那里。地铁站、路口、广场的一角、图书馆门口、公司茶水间都有着它的身影。它保证了我们在任何地方都能找到生命之源——饮料。尤其对于那些把可乐当水喝的狂热爱好者来说，在哪儿都能喝到可乐是幸福生活的必要条件。

这和那些在大城市中分布越来越密集的便利店有着共通之处，许多人也从便利店那里找到治愈感。在"好奇心日报"的一次调查中，有近三成的人把便利店的治愈归因于"24 小时，且随处可见，三更半夜饿醒了还有地方吃东西"。

在加班的深夜、复习季的凌晨、打游戏到深夜发现没有泡面存货的时候，（能卖食物的）自贩机就是那一刻的念想。

你的要求，秒回

但自贩机和便利店的不同之处在于它是一个无生命的机器。虽然没有了便利店店员的暖心微笑，机械却能从另一个方面给你的购物体验带来温暖。

这种独特的机械治愈的关键来自它干脆利落的即时反馈。投下硬币，余额灯亮起；选中商品，饮料"哐啷"掉下。虽然现在的网购也可以几乎除去人的要素，但在点击网页上的"购买"按钮之后你需要等待两三天东西才能到手。这个过程太长，以至于就算你在等待的过程中想象了几次收到之后的情形，真正收到东西时心情已然归于平静。

自贩机的这种及时的反馈也抚慰了人们寂寞的心。人们总是期待着别人对自己的回应，不希望自己抛出话头没有人接，不希望发出的短信没有人回。而机器永远注视着你，不会一边收你的硬币一边刷微博。它会按照程序，立刻回应我们的每一条指令。

这与聊天机器人的魅力也有些相似，它满足了人们"被倾听"的需要。1966 年，世界上出现的第一个聊天机器人 ELIZA 在当时引起了极大的波澜。它不仅向人证明了计算机的强大功能和超高速度，还让人们第一次迅速、深入地"对计算机动了感情"。明知它是机器，使用者们还是会坚持认为它能理解自己。作为最了解这个事实的人之一，发明者约瑟夫·魏泽鲍姆（Joseph Weizenbaum）的秘书，也没能免受影响。她曾目睹约瑟夫一行一行写下代码，清楚地知道它仅仅是个计算机程序。但是当使用了一段时间后，她不得不选择让教授离开房间一段时间。因为她难为情地发现自己竟然和机器聊得那么深入。

我们与自贩机的互动很简单，仅限于选择商品与投币。但是它及时的反应似乎是在说：我会认真倾听你，我在等你。

完美适配内向者

除了随时随地都在的安心感和即时反馈，自贩机的贴心还在于它拯救了广大内向者。有人曾经试图用复杂的经济学理论解释"自贩机卖的东西为何比便利店和超市的贵"，强调了自贩机一般放置在消费者价格弹性低的地方（如游乐场），因为有了议价地位，所以有调高定价的能力。但另外一个观点道出了经济学书本里没有提到的理由："比起跟人交谈，与机器交互会轻松得多，方便快捷。所以我会把在商店排队结账并与收银员交谈计算为约为 1 元的精神消耗。"自贩机营造出的纯粹的购买体验，完全去除了"人"这个不稳定的压力要素，只保留物与货币交换这个过程。这点对于内向者来说非常重要。

在别人的推荐之下买东西，对于内向者来说就是一场灾难。商场卖衣服的店员跟在顾客身后，急切又热情地说"买衣服吗？这一件很适合您啊！""喜欢的话可以试穿看看噢！""最近流行这种款式，您要不试试看？"还没等人拒绝，就飞速拿来身后的衣服，往你身体上比画着推荐。另外一种压力，来自店员无声的注视。在空荡荡的店铺里，店员跟在你身后，看着你拿起每一件商品端详，再看着你默默放回去。就算你明知他们没有任何恶意，仍有莫名愧疚感。

自贩机从来不会向你推销东西。在日本，有些自贩机甚至会被涂装上背景的图案，和周围环境融为一体。它们一点都不吸引眼球，不会吆喝自己。但在你需要时，它就在那里。

• 图：Kotaro_915

新时代自贩机：想要变得更贴心

既然自贩机如此贴心，能否让它和人产生更深的联系？人们尝试用各种新技术，让自贩机和人的交互更加多样。

带摄像头、触屏的新型自贩机就是一个尝试。它能采集更多数据，让自贩机更加了解人，从而试图达到贴心的效果，但这同时也带来了种种担忧和遗憾。这种自贩机的摄像头能够采集购买者的年龄、性别，然后在大屏幕上展示个性化推荐的物品。例如，如果是男性会推荐咖啡、女性则推荐茶、年轻人则推荐碳酸饮料等。同时当时的季节、时间段也会影响推荐的物品种类。这种个性化的推销看似能激起人们的购买需求，但是，自贩机温暖的感觉却荡然无存。有关隐私的担心、没有按钮的触屏、所见非所得，这些都会成为阻碍。人们可能会在摄像头下无法自在地选择商品。无论屏幕的分辨率再高，它仍然比不过实物的诱惑。因此，有人总结道："触屏式自贩机是没有灵魂的！"

而机器拟人这种路线似乎更能行得通。2012年可口可乐在国立新加坡大学放置了第一台"拥抱贩卖机"。不用投钱，只需要拥抱一下自贩机，它就会给你一罐可乐。机器不再只是单纯回应你的购买需要，似乎还能立刻回应你表现出的情感。这类自贩机已经开始在全世界各个大学慢慢推行开来。

在日本这个万物皆可拟人的国家里，自贩机的人格化做得更加彻底。2011年开始，可口可乐开始推行一个

● 图：Cherihan Hassun/The Ubyssey

叫作"happiness quest"的活动：每台可口可乐自贩机都被赋予了一个独特的名字和性格，人们通过扫描二维码，就能获得一个"电子宠物"。它每天会向你问候早安，而你多去见它几次也能增加好感度，获得点数和徽章。点数累积之后还可以用来买自贩机太郎的帽子、假发等装饰物。这个推广活动已经运营了多年，至今仍有人在社交网站上更新他们的自贩机太郎动态。这种机器的人格化把简单的买卖关系转化为饲养关系，拉近了人和自贩机之间的距离。

你的记忆里，一定也有一台温暖的自贩机

除了自贩机本身的机械特征，作为休息室、便利店中常见的机器，它也常常出现在小说、动画、影片之中。它也带上了这些地点、这些作品的色彩。

NHK 的纪录片《秋田深冬的自贩机前》讲的就是一个面条自贩机的故事。它从 1975 年开始运营，40 年来，这台自贩机在港口一直注视着小镇上发生的一切。傍晚会有一起来吃面约会的情侣，女生说："想把和他相遇之前吃过的东西，都再和他分享一遍。"凌晨 4 点会有刚刚下班的代驾司机，哈着白气吃面取暖。就算是暴风雪的天气，父亲也会带着 13 岁的儿子出来，这是他们的固定项目，毕竟儿子长大之后就很少和父母交流了吧。还有曾是不良少女的单身妈妈带着儿子过来，告诉他："这就是我年轻时逃课常来的地方，你长大之后一定也会遇到不顺利的时候，到时候就来这个好地方吧。"能捧着热乎乎的面，能看海，它已经成为一个温暖的回忆地点。

　　《龙与虎》的动画中也多次出现自动贩卖机相关的场景。在陌生人眼前刻意保持完美偶像形象、在亲近的人面前故意撒娇任性的川岛亚美，只有在自贩机缝隙间才会抛弃这两种表演型的人格。躲开人群，真正的亚美才会出现。"干吗呀，为什么要夹在那种地方啊。真是阴沉的人。""因为这里能让人平静下来啊。"被男主角打扰了个人空间的她笑着，又恢复成了任性腹黑的亚美，抢先替龙儿摁下了选饮料的按钮。

● 动画《龙与虎》里，躲在自贩机之间的川岛亚美。

《秒速五厘米》的自贩机场景与其说是治愈，不如说是致郁。因暴风雪而晚点的列车迟迟没来，离与明里约定的时间已经过去了 2 个小时。在一片钢筋水泥的无人站台里，书店、小店都紧闭着店门。只有一个拉面摊和远处的自贩机有些温暖的感觉。贵树看了一眼热气腾腾的店铺，决定还是走向自动贩卖机。冬天的贩卖机已经都换上了热饮，内心焦急、身体寒冷，也许一罐热咖啡能安抚一下心情吧。在掏出硬币的瞬间，给明里的信从口袋里掉了出来，下一秒在暴风雪中迅速不见了。这时候，列车进站的汽笛也响了起来。

自贩机的温柔，其实也是一种孤独。不想要朋友的人类和等待人类的机器，他们凑在一起相互治愈。

林沁　　　│　商科与日语专业出身的科技文化爱好者。

当贩卖机卖给你一个回应：
物质与思想交界的互动

作者 | 黄思齐

"驯养"一台贩卖机，与它交流思想。

伫立在街角的贩卖机是物件，不是历史痕迹。当它被归类为人们生活中所使用的设备，就如同消防栓、电线杆一般，看似无生机，也不与使用者发生关联。然而，一旦人们投币、选物、拾物的行动发生，代表着人类涉入"自我"的反馈与创造。此时此刻，人类允许了自己与贩卖机发生互动，而使用界面作为虚拟窗口，也成为人和物互动的空间，并且框住了人与物的当下情景。

近几年来，贩卖机的花样日渐翻新，在形形色色的机种变化中，设计的发展趋势不再仅限于改变内容物，创新的互动设计更进一步结合科技，提供快速高品质的服务，借由人机互动收集资讯并进行分析，成为消费者购买商品的服务导览员。

　　JR 东日本水务公司于 2010 年度所推出的新型贩卖机，由当初规划未来型胶囊旅馆 9h（9 小时）的柴田文江女士设计。新款贩卖机特别增设摄影镜头，用以得知站在贩卖机前的顾客的年龄与性别，镜头接收信息之后自动进行分析，并根据分析后的资讯推荐各式商品给不同的

• 此贩卖机的待机状态呈现两颗骨碌碌的大眼睛，象征它不停吸收外在资讯的运作逻辑。

客户，甚至还可依季节、时间段、环境等外在因素提升
顾客的购买欲望，唤起顾客需求。从此款贩卖机选用了
大尺寸触控面板屏幕和美观的图形界面，我们不难发现，
人机界面的设计与人机关系的合理性产生直接关联，贩
卖机与人的关系伴随人机界面设计的进化，逐渐朝向高
科技化、自然化、人性化的方向迈进，也从针对买卖的
单一功能主义导向，逐步走向多元。

　　贩卖机靠着人机之间的互动完成买卖，因此，互动
性的高低、人机界面的形态等因素，都左右着贩卖机未
来的样貌与形态。就使用者导向的互动性设计而言，互
动可视为使用者与文明产物之间的对话，也像是一种戏
剧经验，在人与机器互动的情境中交织出戏剧的脚本。
好比说，口渴的人站在贩卖机前面，一开始仅需要决定
价位、购买与否。然而，倘若这个人当下相当无聊，眼
前这个引人注目讨人欢心的界面，便能成为开启人与机
器进一步互动可能的钥匙，而众多的可能性也将造就使
用者和文明产物这两者的最终互动结果。探讨互动设计
原理的《互动设计的原则》（*The Principles of Interactive
Design*）一书，曾提及互动性即是将资讯整合成数字媒体，
进而达到与使用者互动的过程，也就是说，我们伫立在
贩卖机前所见的各式菜单、各色按钮，都将存续在彼此

的互动之间。

　　嵌入在贩卖机当中的系统其实与一般电脑软件并无不同，我们可依据软件与使用者之间的互动形式，将互动性分为三个层次：反应式、主动式与双向式。反应式互动的情况中，使用者仅能根据机器系统所提供的现有刺激做出有限度的反应；主动式互动则强调使用者自主建构与整合资讯的活动，使用者不仅在界面所提供的现有资

• 要领养一只吗？

讯架构中选择与回应，还能主动地反馈个人的思考与需求；双向式互动是互动中的最高层次，强调使用者与系统之间相互因应改变，近似于人类的真实沟通行为，如虚拟现实和人工智能等。现今各种为人机界面所驱动的互动模式，都逐渐由简单、有限制的反应式互动转变为后两种互动，不再被现有的资讯架构限制。在 JR 东日本水务公司的贩卖机案例当中，天气、环境、时间等与使用者周遭切身相关的被动资讯，被主动地纳入参考架构当中，这些由使用者输入的相关信息也成为反馈需求的参考点，让贩卖机的人机互动可能性提升到新的境界。

虽然自动贩卖机陈设普遍，但很少有人细究这些站在街角的机器的特性：它设点广泛，弥补一般贩卖据点必需人力看管支援的不足之处；它的运营模式可高度配合销售方厂商，灵活改变内容物；它本身就是醒目的广告媒体，随着时代的转变，依附于机上的广告媒体功能也随之变化。因此，在人机界面、网络应用迈向下一个时代之际，借着简便、便宜、易达的特性，街角的贩卖机也为互动找到更多的可能。最近更有许多贩卖机通过本身的特性，设计出机器与人的独特互动。例如日本可口可乐贩卖机以二维码为每一台贩卖机虚拟了一个身份证与性格，让消费者能在网络中建构属于自己和机器互动的社群空间，此时人机关系不再是"买／卖"，而变成了柔性、认同感高的"驯养／被驯养"。机器虽然不是有机生命体，但机器背后投注的互动元素增加，正代表人们已开始高度重视资讯的双向流动。此外，前一阵子在台北诗歌节中的"诗的贩卖机"，更挑战将思想以贩卖机的互动形式拟化为可被拥有、被取得的客体化成果，将互动当中的思想高度强化，乃至凝结、攫取，变为实体。

　　我们可以想象，未来贩卖机与人的互动将不再局限于物质与人，更可能演化成物质与思想，甚至是人、物、思想与贩卖机的机器本身。当更多的互动性与科技对话被导入，贩卖机贩卖思想的印象，将长久刻印于每个对它投注关心并为之惊奇的客体上。

- 法国的"小说贩卖机"，由 Short Édition 出版社提供，可以买到阅读时长为 1 分、3 分或 5 分的短篇小说。

黄思齐　|　　　台湾大学毕业，历经商管、建筑、媒体的专业培养，也曾探询网络的众多可能性，最在意的还是人、地与事物的情感。现以上班族的身份旅居台北，散有诗作及各种评论见于网络。本文授权转载自《MOT TIMES明日志》。

我为什么要花两万块买一台自贩机

作者 | Cris

"听上去真是人性寡淡的生活啊。"谁又知道，你在自贩机眼里到底是个什么。

去年差不多这个时候，我在淘宝订了一台自动贩卖机。店铺老板张桑说："吹风机电饭煲马桶空气净化器我进过不少，第一次有人来买自贩机的。你要是反悔了一定告诉我，定金我全部退。"

这是一个警钟。新年还没到，张桑就主动电话我。"很麻烦，机器大太占地方，你要更换配件还要跟厂家说明，日本人较真，我怎么知道你要卖什么，对对对你是自己用，哦，价钱也不是之前的那个价了，我还有一批货要报关，一年生意不好做哦，年底很麻烦，你说你跨境买个 500 斤的东西，国内也有卖的吧，还便宜，别折腾了我说……"

张桑颠三倒四解释了原因，看我没有什么激烈情绪，爽利地退了定金，并祝福山水有相逢。我把这个噩耗告诉了一直等着上门把玩自贩机的友人，他表示遗憾的同时，

又再一次问我：为什么要买一台自贩机。

我把我的图纸拿给他看。"这就是我要买的，富士电机 FVM-GF31C14，一个中小型多功能自贩机。"

一米八高一米宽一米厚，毛重 400 多斤。有常温、弱冷和强冷三种模式。接收硬币和纸币。有五层货架，如果全部采用饮料货道，最多能放 42 种物品。每个货道能容纳的物品数量为 5 ～ 10 件不等。就是一个能装三四百样东西的储物间。

"这和街边的自贩机有什么差别？"

看上去……没有差别。对于内向者如我来说，选择自贩机主要是"避害"。可以利用它躲过商店里的天敌——导购、超市里无穷尽的人流和嘈杂、便利店 24 小时明亮的灯光和店员的注视，还有快递的惊魂门铃和夺命 call。如果你有熟悉的自贩机朋友，还可以避免选择障碍。不过作为硬币的另一面，"别无选择"也是自贩机的尴尬之处。即便是在自贩机普及率极高的日本，一半以上的自贩机也都只卖瓶装饮料。从机器构造上来看，自贩机能贩售绝大多数的生活必需品，有些甚至可以胜任复杂的操作流程，但它并不是为个性化服务而生的。成本控制、空间限制、海量需求才是公共服务优先考量的因素。那么，是不是能按需求定制？

　　我把图纸翻过来。"如果你有一台自贩机，就能。"

　　最常见的货道是饮料货道，可放置罐装和瓶装饮料；螺旋形货道适用于中小型带包装的物品；传送带货道适用于大中型物品；螺旋桨形货道可以固定细长的条形小包装物品。传送带货道可以改装成双列货道，放超大物品。

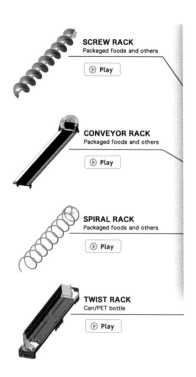

"超大"也是相对饮料和零食而言。由于取货口限制，长宽不能超过 30×30 厘米，大概是一包家庭装薯片的大小。虽然采用垂直升降运输（不是粗暴的滚雪球式），重量也不宜过重。

　　然后按照自己的需求和喜好组装。虽然你的地盘你做主，但也要考虑物尽其用，流通率高的必需品和消耗品还是首选。我的自贩机 list 大致是这样：

- 第一排螺旋形：全麦面包、牛奶、酸奶、香蕉、补充剂（按每日剂量包装）
- 第二排传送带：乐事薯片（原味）、POPCORNERS玉米片（海盐）、水果（中等大小）、坚果
- 第三排螺旋桨形：Douwe Egberts速溶咖啡粉、Ronnefeldt伯爵茶包、黑巧克力、沙拉酱
- 第四排饮料：怡泉苏打水（瓶装）、零度可乐（罐装）、Sprite Zero（罐装）、三得利黑乌龙茶（瓶装）、三得利High Ball（罐装）、三得利Premium Malt's啤酒（罐装）
- 第五排双列传送带：书、盒装蔬菜沙拉、方便面、不可说

　　"除了书和不可说，看上去就是个冰箱。"

不。我打开一个铁皮罐子，里面全是钢镚儿。"想象一下，你投入一把钢镚儿，它们会通过轨道先接受镭射灯的检验，测出大小之后再通过电磁检测，测出材质（以辨别种类和真假），最后根据尺寸进入合适的轨道排列。那迅速掉落的'哐当哐当'声，还有那'哗啦哗啦'的找零声，啊，C'est la vie！"

"自己买来卖自己？"

这一次终于切中了要害。为什么选择自贩机，以及为什么要自己买一个，这两个问题背后的逻辑是自相矛盾的。自贩机之所以能避害是因为我只需单方面进行"选择"这个动作就可以达到目的，实际上提供这些选择的是自贩机采购商。一旦我拥有了一台自贩机，这个采购商就变成了自己。本来想要躲避的导购、人潮、灯光和快递，一个个都还伫立在那儿。这到底算不算白忙一场？

光洁的冰箱内藏的是暗黑世界，无论世界明暗，它也不为所动，不打扰是你的温柔。而自贩机永远闪亮，那是一种沉默却又主动的陪伴。等待你去按动按键，投入硬币，它不偏不倚，给你的正是你想要的。整个过程没有紧张和窥伺，可见即可得，没有约束，更不会有价值判断。但这又绝不仅仅是一种"仪式"。因为它闪亮并不是因为你改造了它的内部结构、调整了它的定价系统、

重置了它的世界观，而是你和它进行了交换。在你如愿
打开一罐零度，享受二氧化碳嘶嘶的胜利时，你和自贩
机本着平等公正、互惠互利的原则完成了一次符合各自
需求的等价交换行为。系统和规则，如硬币的声音一样，
真是让人有安全感。

"听上去真是人性寡淡的生活啊。"

谁又知道，你在自贩机眼里到底是个什么。

Cris　｜　《离线》杂志主编。

执行策划：

不知知（自动贩卖机，买下全宇宙）

Lobby （大人的玩具：从乐高积木帝国说起）

傅丰元（可供性：隐藏在设计背后的力量）

不知知（无用的艺术）

傅丰元（硅谷造城记）

微信公众号：离线（theoffline）

微博：@ 离线 offline

知乎：离线

网站：the-offline.com

联系我们：AI@the-offline.com